江苏科普创作出版扶持计划项目

【渔美四季丛书】

丛书总主编　殷　悦　丁　玉

杨志强　李志辉　主编

丁　玉　绘画

胭脂鱼

——游弋长江的亚洲美人鱼

U0260415

江苏凤凰科学技术出版社 · 南京

图书在版编目（CIP）数据

胭脂鱼 : 游弋长江的亚洲美人鱼 / 杨志强等主编 . —
南京 : 江苏凤凰科学技术出版社，2023.12
　　（渔美四季丛书）
　　ISBN 978-7-5713-3845-9

　　Ⅰ. ①胭… Ⅱ. ①杨… Ⅲ. ①胭脂鱼 – 淡水养殖 – 青
少年读物 Ⅳ. ① S965.126-49

　　中国国家版本馆 CIP 数据核字（2023）第 210235 号

渔美四季丛书
胭脂鱼——游弋长江的亚洲美人鱼

主　　编　杨志强　李志辉
策划编辑　沈燕燕
责任编辑　王　天
责任校对　仲　敏
责任印制　刘文洋
责任设计　蒋佳佳

出版发行　江苏凤凰科学技术出版社
出版社地址　南京市湖南路 1 号 A 楼，邮编：210009
出版社网址　http://www.pspress.cn
照　　排　江苏凤凰制版有限公司
印　　刷　南京新世纪联盟印务有限公司

开　　本　787 mm×1 092 mm　1/16
印　　张　3.75
字　　数　70 000
版　　次　2023 年 12 月第 1 版
印　　次　2023 年 12 月第 1 次印刷

标准书号　ISBN 978-7-5713-3845-9
定　　价　28.00 元

序

在宇宙亿万年的演化过程中，地球逐渐形成了海洋湖泊、湿地森林、荒原冰川等丰富多样的生态系统，也孕育了无数美丽而独特的生命。人类一直在不断地探索，并尝试解开这些神秘的生命密码。

"渔美四季丛书"由江苏省淡水水产研究所组织编写，从多角度讲述了丰富而有趣的鱼类生物知识。从胭脂鱼的梦幻色彩到刀鲚的身世之谜，从长吻鮠的美丽家园到河鲀的海底怪圈，从环棱螺的奇闻趣事到克氏原螯虾和罗氏沼虾的迁移历史……在这套丛书里，科学性知识以趣味科普的方式娓娓道来。丛书还特邀多位资深插画师手绘了上百幅精美的插图，既有写实风格，亦有水墨风情，排版别致，令人爱不释手。

此外，丛书的内容以春、夏、秋、冬为线索展开，自然规律与故事性相结合，能激发青少年读者的好奇心、想象力和探索欲，增强他们的科学兴趣。让读者在感叹自然的奇妙之余，还能对海洋湖泊、物种生命多一份敬畏之情和爱护之心。

教育部"双减"政策的出台，给学生接近科学、理解科学、培养科学兴趣腾挪了空间和时间。这套丛书适合青少年阅读学习，既是鱼类知识的科普读物，又能作为相关研学活动的配套资料，方便老师教学使用。

科学的普及与图书出版休戚相关。江苏凤凰科学技术出版社发挥专业优势，致力于科技的普及和推广，是一家有远见、有担当、有使命的大型出版社。江苏省淡水水产研究所发挥省级科研院所渔业力量，将江苏优势渔业科技成果首次以科普的形式展现出来，"渔美四季丛书"的主题内容，与党的二十大报告提出的"加快建设农业强国"指导思想不谋而合。我相信，在以经济建设为中心的党的基本路线指引下，科普类图书出版必将在服务经济建设、服务科技进步、服务全民科学素质提升上发挥更重要的作用。希望这套丛书带给读者美好的阅读体验，以此开启探索自然奥妙的美妙之旅。

毕家珑

原江苏省青少年科技教育协会秘书长
七彩语文杂志社社长

前　言

　　2021 年 6 月 25 日，国务院印发《全民科学素质行动规划纲要（2021—2035 年）》。习近平总书记指出："科技创新、科学普及是实现创新发展的两翼，要把科学普及放在与科技创新同等重要的位置。没有全民科学素质普遍提高，就难以建立起宏大的高素质创新大军，难以实现科技成果快速转化。"

　　"渔美四季丛书"精选特色水产品种，其中胭脂鱼摇曳生姿，刀鲚熠熠生辉，长吻鮠古灵精怪，环棱螺腹有乾坤，河鲀生人勿近，克氏原螯虾勇猛好斗，罗氏沼虾广受欢迎。这些水产品种形态各异、各有特色。

　　丛书揭开了渔业科研工作的神秘面纱，化繁为简，以平实的语言、生动的绘画，展示了这些水生精灵的四季变化，将它们的过去、现在与未来，繁殖、培育与养成，向读者娓娓道来。最终拉近读者与它们之间的距离，让科普更亲近大众，让创新更集思广益、有的放矢。

　　中华文明，浩浩荡荡，科学普及，任重道远。愿"渔美四季丛书"在渔业发展的道路上，点一盏心灯，筑一块基石！

编者

目 录

长江流域水美人

胭脂的由来

胭脂，自古以来在东方文化中就是一种女性美的象征，至今已有 3000 多年的历史。关于胭脂的由来，一般有两种说法。

一是商纣王发明了胭脂。《中华古今注》记载，胭脂起源于商纣时期，由古燕国妇女用红蓝花制成，因古燕国所产，当地人民又把红蓝花叫作燕支花，所以胭脂又称"燕脂"或"燕支"。红蓝花的花瓣中含有红、黄两种色素，花开之时整朵摘下，然后放在石钵中研磨，淘去黄汁后，即成为鲜艳的红色染料。看过《封神演义》我们知道，商纣王有个宠爱的妃子名叫妲己，她杏眼桃腮，冰肌玉肤，深得纣王宠爱。相传纣王为了讨好妲己发明了一种桃花妆，用各种花瓣的汁液凝成脂粉，涂在面颊上，使妲己看起来更加漂亮。

二是胭脂起源于匈奴。《西河旧事》记载，汉武帝时，匈奴失去祁连、燕支两座山之后，曾凄凉地唱出一首悲歌："亡我祁连山，使我六畜不蕃息；失我燕支山，使我嫁妇无颜色。"燕支山遍生燕支花，匈奴嫁女时，必采燕支花，再榨汁，使它凝为脂，以此作为饰品。传说燕支山上开满了红色的花，这种花既美丽又鲜艳，是草原狼神赐予草原上最美女人的礼物，所以草原民族每逢嫁女的时候，都会为新娘摘一株燕支花插在头上，象征新娘是最美的明珠。后来，燕支才写作燕脂、胭脂。

如今，胭脂作为一种化妆品，不仅深受中国人喜爱，而且畅行全世界。

● 红蓝花

● 胭脂

● 一抹胭脂色，半面桃花妆

北宋诗人王禹偁在《村行》中写到："棠梨叶落胭脂色，荞麦花开白雪香。"意思是棠梨的落叶红得好似胭脂一般，香气扑鼻的荞麦花洁白如雪。苏轼在《蝶恋花·雨霰疏疏经泼火》中也写到："杏子梢头香蕾破，淡红褪白胭脂涴。"是说杏树枝头的花苞绽放，由淡红渐渐褪成白色，似被胭脂浸染过。

从古至今，一说起胭脂二字便让人联想起沁人心脾的香气和柔媚朦胧的美感，而有一种鱼出场便自带胭脂气息，那就是我——胭脂鱼。

● 棠梨叶落胭脂色

成年后的我体色浅红，在体侧中轴有一条绛红色的纵宽带一直延伸至尾部，颜色就如同涂上了胭脂水粉一般。繁殖期间，体色由浅红变为深红，色若胭脂，明艳醒目，胭脂鱼这个名字便由此而来。正因为体色的特点，加之体形特别，斑纹醒目，游动起来十分优美，素有"亚洲美人鱼"之称。

非繁殖期

繁殖期

● 胭脂鱼体色对比

● 杏子梢头香蕾破，淡红褪白胭脂涴

颜值与实力并存

同类家族中，毫无悬念我是颜值最高的。在大型观赏鱼中，我也是中国特有的最漂亮的品种之一。因高耸的背鳍、喜庆的颜色和优雅的游姿，1989 年我在国际观赏鱼评比大赛中获得银牌，而金牌则被我的同胞中国原生鱼长薄鳅夺得。

除了颜值，我的实力也是杠杠的！明明可以靠颜值，偏偏要靠才华，身兼多种价值。一是个体大，食性广，肉鲜美，起捕率高，具有较高的经济价值。二是模样奇特，尤其幼鱼形体别致，色彩绚丽，十分有趣，有较高的观赏价值，为人们所喜爱。三是作为亚口鱼类分布在亚洲大陆的唯一种类，具有重要的学术价值。

　　像我这样既有出众的外表，又有出色的能力，可谓颜值与实力并存，更容易获得大家的认可！

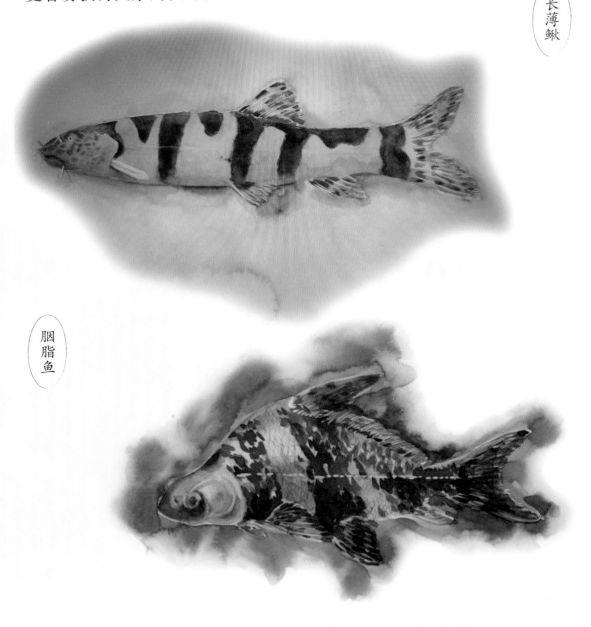

长薄鳅

胭脂鱼

● 长薄鳅曾获国际观赏鱼评比大赛金牌，胭脂鱼获银牌

一帆风顺

　　幼年时，我的躯体上由前至后有三道黑色横纹环绕全身，背鳍前端十分高大，仿佛把整个躯体拉伸成了山峰形。身形如山，体形侧扁，背鳍高耸，游动起来如同扬帆远航，因此在观赏鱼中有"一帆风顺"的美誉，小小的我变身为"风水鱼"。随着年龄增长，背鳍的比例会逐渐减小，体形也会逐渐变得修长，黑白相间的配色慢慢被胭脂红所替代。

● 背鳍犹如扬起的风帆

第二节
千呼万唤始出来

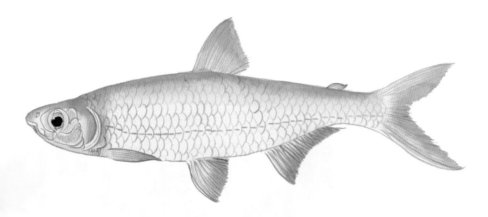

● 原始骨鳔鱼

从远古游来

　　我们的祖先，可以追溯到恐龙统治的中生代，名叫原始骨鳔鱼。据考证，祖先在侏罗纪晚期出现在南美洲。那么最早出现在南美洲的老祖先，是怎么漂洋过海游到中国的呢？

　　起初，祖先从南美洲游到了非洲。随着地壳运动，先是南美洲和非洲被大海分隔了，以至于生活在两大洲的同族兄弟被迫分离，各自另创家族，独立生存进化。之后，非洲大陆与欧亚大陆连接起来，非洲的这一支血脉向着欧洲和亚洲进军。因环境变化太大，非洲来的祖先难以适应，有的逐渐消亡，也有的在中国找到了合适的家园，发展成新的家族。其中，有部分祖先演化成了现在我的样子，在中国的长江和闽江生活下来。大约5000万年前，另一部分祖先通过白令海峡从亚洲游到了北美洲，那里的地理条件同样适合繁衍。

或许，我们的古老历史在人类文明的长河中仿佛一叶扁舟，但作为一个物种，我们的地位如同你们人类一样，在自然界都是独一无二的存在。

水中的瑰宝

在长江沿岸流传着一句老话"千斤腊子万斤象，黄排大得不像样"。其中的"腊子"说的正是大名鼎鼎的中华鲟，而"象"指的是白鲟，"黄排大得不像样"指的就是我们胭脂鱼，成年胭脂鱼体型大到让人意外。这3种鱼不仅体型巨大，同时也反映出在过去，这些都是很常见的种类。

我们主要分布在长江流域和闽江。早期分布很广，在长江水系中十分常见，偶在闽江也有发现。过去，在长江上、中、下游都能看到我们的踪影，其中以上游数量最多，我们属于中国特有的淡水珍稀物种。我们虽然生长缓慢，但成熟个体一般体重可达 15 ~ 20 千克，最大个体可达 30 千克，最长能达到 1 米，可以活到 25 岁。我们最喜欢的水温为 18 ~ 28℃，低于 10℃时进食极少或不进食。

长江珍稀鱼类大多是我国特有的鱼类品种，蕴含着丰富的社会价值，是我国独有的物种瑰宝。

● 中华鲟

● 白鲟

● 野外环境中的胭脂鱼

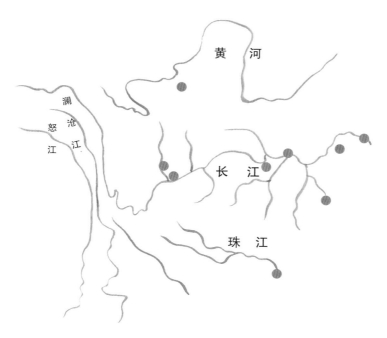

● 胭脂鱼世界分布范围

做一条安静的"美鱼子"

　　我们属于底栖性鱼类，喜欢安静的生活环境。有吸盘状的肉质唇，对食物的接受能力较强，只要嘴能吸进去的，给什么都吃。从向下的嘴也可以看出，我们是底食性鱼类，主要以底栖无脊椎动物和水底泥渣中的有机物质为食，也吃一些高等植物碎片和藻类。幼年时游动缓慢，常集群于水流较缓处。成年后多栖息在近底层水域，行动起来迅速敏捷，喜欢在水质清澈、溶氧量高、水流湍急的石滩处生活。体色随发育生长而变化，也正因为体色的特点，故而有火烧鳊、血排、粉排、木叶盘、红鱼的俗称，我们要做一条安静的"美鱼子"！

● 口下位，吸盘状的肉质唇

食用与观赏可兼得

　　特别提醒，我们的野生种群属于国家二级保护动物，只有在人工饲养的条件下，才可食用与观赏。我们体形奇特、色彩艳丽、游姿优雅，是观赏鱼界的宠儿，在水族箱和景区水池中常可以看到我们的身影。随着经济社会的不断发展，我们作为高档观赏鱼在东南亚甚至欧美有很大的市场，随着商品量增大，也必将进入寻常百姓家庭。

● 水族箱养殖胭脂鱼

身份特殊

作为国家二级保护濒危物种，我们胭脂鱼在管理上有严格的规定。如果发现或捕到野生胭脂鱼，必须向渔政部门报告，由相关部门来处理。从事人工养殖的企业，胭脂鱼养殖和销售，都需要办理《中华人民共和国水生野生动物人工繁育许可证》和《中华人民共和国水生野生动物经营利用许可证》。

这里提醒一下各位喜欢钓鱼的朋友，在自然水域中意外钓到一些保护鱼类，一定要自觉遵守国家法规，第一时间将其放生。保护野生动物人人有责，千万不要有侥幸心理，否则真的会"牢底坐穿"。

● 中华人民共和国水生野生动物人工繁育许可证

● 中华人民共和国水生野生动物经营利用许可证

东亚亚口鱼类最后的坚守者

在分类上，胭脂鱼隶属于亚口鱼科，又被称为吸口鲤科或胭脂鱼科，这是一个拥有 78 个物种的庞大家族。在距今 1 亿至 6300 万年前，早期的亚口鱼在东亚大陆起源，在随后的始新世，亚口鱼迅速北上，直达西伯利亚，然后向东穿过白令陆桥进入北美。

如今，在北美大陆分布着 77 种亚口鱼，然而在它们的发源地东亚，亚口鱼却已经悄然退出历史的舞台。胭脂鱼的可贵之处，就在于它是东亚最后一种特有的亚口鱼，并且它的分布更接近于这一类群可能的发源地。同时，在现存亚口鱼的谱系中，胭脂鱼位于最基部，我们可以说它是现存最原始的亚口鱼。胭脂鱼代表的是亚口鱼中最早分化出来的古老支系胭脂鱼亚科，这一亚科早在 6300 万年前就已经与其他亚口鱼分离。然而，这些留守故土的亚口鱼似乎难以与鲤科鱼抗衡，当北美的亚口鱼遍地开花时，东亚的亚口鱼却后劲不足。至此，胭脂鱼成为了东亚亚口鱼类最后的坚守者。

小口牛胭脂鱼

大口牛胭脂鱼

● 胭脂鱼的北美远亲

四季轮回，生生不息

生机盎然的春

草长莺飞二月天，拂堤杨柳醉春烟。在生机盎然的春天，每年 3 月下旬至 4 月中旬，水温逐渐上升，达到 14～16℃，我们的爸爸妈妈迎来"恋爱时间"。

此时，爸爸体色鲜艳，胭脂带呈橘红色，头部两侧、尾鳍、臀鳍等处出现大量珠星（白色坚硬的锥状突起），珠星颗粒大而尖，呈乳白色；妈妈的体色不及爸爸鲜艳，胭脂带为暗红色，珠星稀疏地分布在臀鳍和尾鳍下叶，珠星小而圆。轻压爸爸的腹部有乳白色精液流出，生殖孔不红肿且略内凹；妈妈的腹部饱满，用手轻压松软度较好，腹部朝上有明显的卵巢轮廓，生殖孔红肿而突出。

跟你们人类一样，我们也有法定结婚年龄：男 5 岁，女 7 岁。只有达到法定结婚年龄，才具备适合的生理条件和心理条件，也才能履行夫妻义务，承担家庭和社会的责任。爸爸、妈妈体重都在 5 千克以上最好，一次可以产卵 10 万～15 万粒，且必须鳍条完整、体质健壮、无畸形、无病无伤、活力强。为有效受精，提高受精率，实行一妻二夫政策。

"新婚燕尔"时，催产池是我们的洞房，我们对水体含氧量及水流状态都有要求。催产池使用含氧量较高的新水，开启水泵及增氧泵，保持循环流水，水体中含氧量需达到5毫克/升以上。此外，循环流水也能刺激妈妈发情产卵。爸爸妈妈需要连续3天，每天1次，共注射3次催产药物才能顺产。催产药物注射剂量与水温及亲鱼成熟度密切相关。水温高、亲鱼成熟度好，催产药物所用剂量小，反之则大。由于生理结构的不同，爸爸较妈妈第3次催产药物注射剂量减半。催产药物用0.7%的氯化钠溶液配制，鱼体胸鳍基部注射催产药物，注射深度为0.3～0.4厘米。注射催产药物后，妈妈会在产卵池来回游动，爸爸则追逐其后，不断用突起的珠星碰撞妈妈的腹部。为了控制产卵时间，宜根据天气、水温和效应时间来确定注射时间，注射时间一般在晚上7点。

采用全人工繁殖方法以提高受精率。用干毛巾擦干妈妈身上的水并将其全身包住，留出生殖孔，用手轻柔地从上至下轻捏腹部，金黄色的卵粒就会均匀落入事先准备好的白瓷盆中。由于妈妈体型与力气较大，干毛巾包住后操作人员需用双手夹住，以防脱落。用同样的方法快速将爸爸的精液挤入白瓷盆中，这个过程需要注意避光。排卵挤精结束后，白瓷盆中一边缓慢倒入少量生理盐水，一边用干净的鹅毛顺时针轻轻拌匀，保证每个卵粒都有受精的机会。搅拌2分钟后，受精卵充分吸收水分，将受精卵缓慢倒入事先准备好的孵化桶中，孵化桶底部连接水泵，保持循环流水，使水流翻滚，保证受精卵不会沉底，就可以静待鱼宝宝的出生了。

　　洞房花烛夜后，将爸爸妈妈放回产卵池。第二天，爸爸妈妈需要注射相应的药物，预防产后继发感染，期间需要得到悉心照顾，少受外界打扰，有助于更好地恢复体质，类似于人类的坐月子。

● 繁殖配对

● 孵化桶

  孵化时间的长短同样与水温密切相关。水温高，孵化时间短，反之则长。在水温14～16℃时，小鱼宝经过8～9天孵化出膜。期间若发现乳白色的卵，即是未受精卵，不能孵化，应及时用小抄网捞除，以免腐烂进而败坏水质。刚孵化出来的小鱼宝细长透明，不会游泳，停靠在孵化桶壁上。小鱼宝身上有脐囊，里面贮存了养分。这时的小鱼宝还无法独立进食，需要依靠脐囊中的养分度过最初的时光。出膜后的第3天，孵化桶中泼洒用筛绢布搓碎的熟蛋黄悬液，供小鱼宝进食。小鱼宝长到0.8厘米以上，开始学会游泳，此后能够灵活平游，开启精彩"鱼"生。

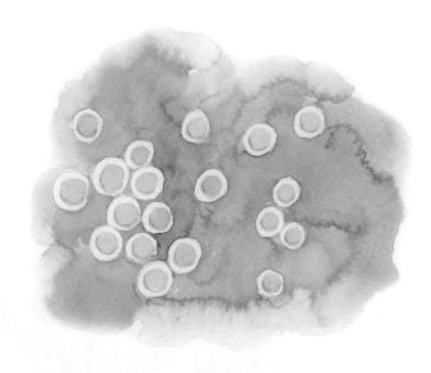

● 受精卵

● 鱼苗

大快朵颐的夏

绿树阴浓夏日长，楼台倒影入池塘。夏日晴空明媚，天空湛蓝深远，这时候最舒适的当然是泡在凉爽的水中了。阳光洒在水面上，泛起万点金光，像是一颗颗晶莹的小星，顽皮地向我们眨着眼睛。在碧波荡漾的池塘里，我们欢快畅游、大快朵颐、茁壮成长。

孵化出膜后第 3 ~ 4 天，小鱼宝在孵化桶中长到 1 厘米以上，小鱼宝将搬新家，从此在苗种培育池中自由生长，此时鱼宝也变身为仔鱼，放养密度为 5 万 ~ 10 万尾 / 亩。仔鱼食性以浮游生物为主，培育好天然饵料是关键，有利于提高仔鱼的成活率和生长速度。天然饵料轮虫是仔鱼开口的最佳饵料，轮虫不仅营养价值高，而且在水中呈缓慢游动状态，个体大小也适合仔鱼摄食。

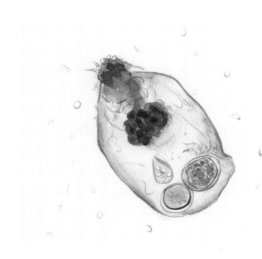

● 轮虫

● 水蚯蚓

小贴士

实践证明，在苗种培育阶段，尽量以鲜活天然饵料为主，如轮虫、水蚯蚓等，所含蛋白质、脂肪、碳水化合物、维生素等与仔鱼实际营养需求比较接近。但是从生产角度来看，天然饵料由于环境条件和培育技术限制，往往数量有限。随着仔鱼慢慢长大，轮虫已经不能满足其营养需求。建议开始投喂少量适口的鳗鱼粉料，并在培育过程中逐步驯化，提高饲料的投喂比例，直到完全摄食饲料。

我们在经人工养殖驯化后虽能摄食饲料，但经常出现生长速度慢、饲料效率低等问题，仅靠其他相近鱼类的替代饲料远远不能满足生长的需要。因此，科学家们很有必要加强饲料开发研究的工作，我们都期待"胭脂鱼专用饲料"能早日面世。

● 鳗鱼粉料

我们对生活水体水质的要求较高，适宜的水体溶氧量需达到 5 毫克/升以上，明显高于其他鱼类适宜的的溶氧量，当水体溶氧量低于 2 毫克/升时，超过一半的伙伴会出现浮头。尤其仔鱼对水质的要求更为严格，水质恶化往往会造成大批死亡。坚持每天早、中、晚 3 次巡塘，观察摄食情况、活动情况及有无病死，及时开启增氧机，并且每隔 20 天加注新水 1 次，使池水保持一定的透明度，适宜我们的生长。经过 1 个月左右的培育，仔鱼长至 3~4 厘米，此时仔鱼称为"夏花"，即可分塘稀养，最大限度给予其生长空间。

● 苗种培育

发愤图强的秋

　　稻花乡里说丰年，听取蛙声一片。秋天是收获的季节，也是气温最适生长的季节，我们自力更生、发愤图强，锻造强健的体魄。

　　进入秋季，我们长至8~10厘米，由于口径及营养需求变化，转换投喂黄颡鱼浮性饲料。饲料投入6米×4米的投食台中，方便集中投喂，避免浪费，投喂量为我们自身体重的3%~5%。在实际管理过程中，依照"三看""四定"原则，视天气、水温及摄食等情况灵活掌握投喂量。

"三看"指的是看水、看鱼、看天。根据池塘水质、鱼的状态、天气情况来定鱼的投喂量，若这三者有一点出现异常，则要立即减少投喂量甚至停喂才行。"四定"指的是定时、定点、定量、定质。定时、定点，就是要做到在固定的时间和地点来喂，每次投喂的时间最好是上下相差 15 分钟之内，便于消化系统保持健康。定量，则指在池塘水质、鱼的状态和天气都正常的情况下定量喂，当这些因素不正常时，则要合理减少投喂量。定质，则是要保证投喂的饲料质量，同时在换饲料时，不要突然换料，如确实需要换料，最好有一周左右的适应期，这期间将之前喂的饲料和要换的饲料混在一起喂，这样我们的应激会少一些。总之，养鱼高产和很多条件有关，但以吃为大。只有让我们吃好了，吃舒服了，才能高产，根据"三看""四定"原则灵活掌握，才能高产养鱼。

水质调控伴随我们一生。我们喜欢生活在清新的水体中，池水要经常排老注新，维持水体透明度在 40 厘米以上。视天气和水质情况，每周或每半月换水 1 次，先排后注，换水量不超过 1/3。换水时间一般选择晴天中午前后。可使用光合细菌、EM 菌等调节水质，高温季节应每天开启增氧机，保持水体充足的溶氧量。其中，水体透明度是指光透入水中的深浅程度，其计量单位用厘米表示。

可以预见，随着我们的成长，病害将成为困扰我们持续发展的主要因素之一。坚持"预防为主，防治结合"的疾病防治原则。切忌水色过浓诱发疾病，每15～20天定期全池施用生石灰调节。此时，烂鳃、肠炎等细菌性疾病易发生，需采用消毒水体和内服药物的综合方法予以及时治疗。水体消毒，可全池泼洒强氯精或二氧化氯，内服药可选用氟苯尼考等抗菌消炎类国标商品渔药。实践证明，使用消毒剂、抗生素、驱虫和杀虫剂等防控病害的模式，容易对我们造成药物残留和毒副作用。庆幸的是，经过科学家们的不断努力，研究确定了抗病力与营养素及环境的关系，已经开发出提高抗病力的营养性添加剂和免疫增强剂，这对我们来说是一个福音！

● 黄颡鱼浮性饲料

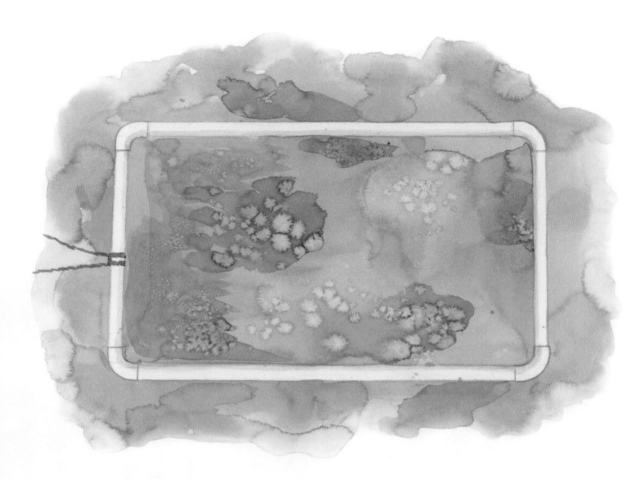

● 投食台

蛰伏不动的冬

　　千磨万击还坚劲，任尔东西南北风。冬日寒风凛冽，萤火无处可觅，气温骤降，我们蛰伏不动，储存能量，待到来年春季蓄势迸发。虽然冬季我们活动量小，但越冬管理同样至关重要，技术要点如下。

　　越冬池的选择。选择保水性好、池底平坦、淤泥较少、无杂草的池塘作为越冬池，并且池塘水深能保持在 1.5 米以上，进排水要方便。另外，池塘附近应无工业污水和生活污水流入。越冬入池前，用150~200千克/亩生石灰对越冬池彻底清塘消毒以杀灭有害致病因子。

调整饵料，强化体质。在越冬前培育中应减少饲料投喂，尽量补充投喂一定量水蚯蚓等，这样可以让我们获得更多的能量。越冬前一个月可适当调整饲料成分比例，饲料中增加脂肪、维生素 C 和维生素 E 的含量，降低蛋白质的含量，以增强体质，抵抗疾病。通过越冬前的强化饲养使我们膘肥体壮，从而安全越冬。

肥水越冬。越冬前应在池塘中适当施肥培养浮游植物以进行光合作用，作为冬天池水中氧气的主要来源。

搅动淤泥，充分曝气。越冬前要搅动池底淤泥 3~5 次，让底泥曝气，

● 越冬池

使底泥中还原性物质得到充分氧化，降低越冬期间的耗氧量，同时还能培肥水质。搅动底泥应在晴天上午 8:00~10:00 进行，严禁在阴雨天或下午搅动底泥，否则将造成泛池等事故。搅动底泥可通过铁耙、拖绳砖等方式进行操作，每次只能拉 1 遍，不能反复拉，并且操作要缓慢、匀速。

加深水位，消毒水体。越冬停食前 5~7 天，可将池水一次性加足达到越冬水位。水源以外界新水为好。加水后次日，可用强氯精泼洒消毒。在我们停食后，用晶体敌百虫等杀虫剂 1~2 次，以杀死寄生虫和大型浮游动物，防治鱼病，降低耗氧。

新的四季又开始

四季更迭，转眼又是一年。春天的新绿，夏天的荷露，秋天的落叶，冬天的风雪，无论哪个季节都会给我们带来不一样的喜悦，无论哪个季节，都是回归大自然的本质。四季轮回，生生不息！

在一年四季的轮回与"鱼"生中，实行"水、种、饵、密、轮、混、防、管"八字精养法，这是我国广大渔业工作者在长期生产实践中总结来的池塘养鱼高产技术的核心。水——养鱼先养水，保持优良的水质；种——投放的鱼种规格整齐，体质健壮无疾病；饵——投饵的方法、饵料的种类等；"水、种、饵"是基础条件。密——合理密养，因地制宜地确定科学的放养密度；轮——捕大留小、轮捕轮放，池塘内鱼类始终保持合理的养殖密度；混——合理的混养搭配，包括不同品种的混养，以及同一种鱼大中小规格的混养；"密、轮、混"是技术措施。防——防病、防洪、防止水源和水质的污染等；管——饲养管理、巡塘、看管设备等，饲养人员不仅要有较好的技术知识，而且要有较强的责任心和吃苦耐劳精神；"防、管"是根本保证。

只有严格遵循池塘养鱼八字精养法，才能养好鱼、养大鱼！

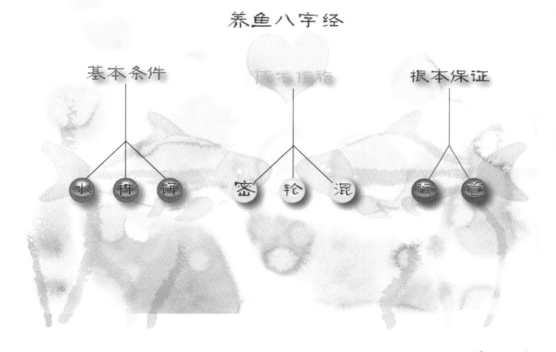

养鱼八字经

基本条件　　　　　　　　　　　根本保证

水　种　饵　　密　轮　混　　防　管

● 养鱼八字经

第四节
美人鱼的奇闻趣事

鱼大十八变，越变越好看

　　小朋友们听说过会"十八变"的鱼吗？就是我，胭脂鱼。幼年时我的全身灰溜溜的，活生生一个鱼版"丑小鸭"。但我不认输，我要悄悄变美，然后惊艳所有鱼。随着青春期的到来，黑色条纹渐渐变淡，身体颜色变成以土黄色为主。等到成年后，美貌初见雏形，体侧延伸出一条鲜红色条带，好像是涂上了胭脂，我也因此一跃成为万众瞩目的"亚洲美人鱼"，可谓"鱼大十八变，越变越好看"。

● 幼年胭脂鱼

● 成年胭脂鱼

● 体色随环境变化

体色随环境变化

　　除了随着年龄的体色变化，在不同生息环境中，我们也能展现出不同的颜色特征。生活于清澈水域中，青年群体以深浅分明的底色为主；而生活在浑浊的水里，黑条带明显褪去，全身出现特有的淡红色。这主要是因为在浑浊水体中，安全感高，因而展现出原本的颜色。在清水中，为了防御潜在的捕食者，我们会呈现出与水底类似的颜色。

讨好异性——脸红

　　我们不仅拥有高颜值，还很会讨好异性。在择偶时，雄鱼体色鲜艳张扬，体侧有一明显的胭脂色纵带从头部贯穿至尾鳍基部，尾鳍呈淡红色，鳃盖和眼睛附近也有大红色块，犹如少女两颊涂抹胭脂，以"脸红"博得异性欢心。

● 择偶，讨好异性

● 监测水质

多才多艺——监测水质

　　我们有很多才艺和本领，比如有监测水质的能力。那我们的监测能力从何而来呢？实际上，我们监测水质的能力是人类赋予的，这跟我们对自身生活环境的高要求有关。我们对水质要求高，对水质污染特别敏感，需要在 II 类以上水质中生存，要求水质清澈，且水体要有一定的流速，所以只要是我们活跃的河流区域一般不会出现大规模死亡事件，在一定程度上起到了监测水质的作用。

背鳍的秘密——适者生存

　　我的背鳍除了好看、保持身体的直立和平衡之外，还有什么秘密呢？

　　一般来说，任何物种的特征都是与环境互动的结果。达尔文生物进化论告诉我们，一个物种的特征在很大程度上决定了它适应环境的能力，在环境选择下，更高适合度的特征更有可能存活，而低适合度的特征则更有可能灭绝。这种特性被称为适者生存现象。

● 胭脂鱼的高背鳍

近年来，科学家们开始用动物行为来解释我的背鳍对运动和生存的作用。曾有一项试验把剪掉背鳍的胭脂鱼和正常的胭脂鱼放在一起，进行游泳能力和反捕食能力的对比实验。结果发现二者的游泳能力没有显著差异，但是背鳍缺失的胭脂鱼存活率偏低，由此可以推断背鳍可以降低被捕食率。这是因为很多捕食者在寻找猎物时，是按照上颚和下颚开口的口裂高度来选择猎物。如果口裂高度低于猎物身体的高度，它们就会放弃猎物。所以，我的高背鳍极有可能让捕食者望而却步，显著降低了被捕食率，从而提高了存活率。这是一种聪明的求生策略。

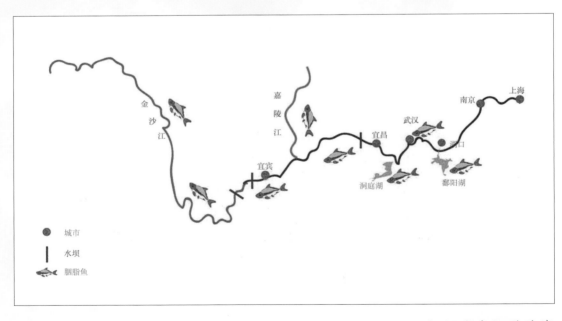

● 胭脂鱼洄游路线

生命的奇迹——洄游

洄游是鱼类一种先天性的本能行为。洄游的距离长的可达到数千千米，短的则只有几千米。洄游的目的是使鱼类种群获得更有利的生存条件，并能更好地繁衍后代。根据鱼类洄游路线的不同将洄游分为：降河洄游（鱼类性成熟后，由上游洄游至下游产卵繁殖）、溯河洄游（鱼类性成熟后，由下游洄游到上游产卵繁殖）。洄游的路途是一场生死之间的艰难跋涉，但万千生灵依旧年年在江河水中"沸腾"，展现着生命的勇敢和顽强。

长江中有洄游习性的鱼类有很多，我们属于溯河洄游性鱼类，不会去到海洋里面生活。洄游的旅程始于每年2月中下旬（雨水节气前后），接近性成熟的"新郎新娘"逆流而上，坚持不懈。从长江中下游的鄱阳湖、洞庭湖等水域前往上游的金沙江、嘉陵江等支流的产卵场进行繁殖。

第五节

美食家眼中的珍馐美味

肉嫩味鲜营养高

作为中国特有的淡水珍稀鱼类，我们不仅长得美，吃起来也是一绝。鱼肉中含有大量的蛋白质、矿物质及维生素。肉质鲜嫩，味道鲜美，营养价值高，是市场上重要的经济鱼类之一。蛋白质：每100克鱼肉中含有约18克的蛋白质，比同等重量的瘦肉还要高出一些。这些蛋白质是人体所需的必要营养物质之一，可以帮助维持身体组织的正常功能。矿物质：鱼肉中含有多种矿物质，如钙、磷、铁、锌等。其中钙的含量较高，每100克鱼肉中含有约70毫克的钙，比同等重量的鲫鱼还要高出一些。这些矿物质可以构成人体组织及维持正常生理功能，如有助于骨骼的生长和发育、增强免疫力等。维生素：鱼肉中还富有多种维生素，如维生素 E、维生素 B_1、维生素 B_2 等，每100克鱼肉中含有约200微克的维生素，比同等重量的鳙鱼还要高出一些。这些维生素对人体健康有很多好处，有助于维持视力、促进新陈代谢等。

提起胭脂鱼的菜肴，肯定有很多人流口水。胭脂鱼的鱼肉细腻绵软，这是由于胭脂鱼身上油脂比较多，吃到嘴里有软软滑滑的口感，入口即化，特别鲜香。鲜艳的颜色，配上浓香的酱汁，在色与味的相互融合下，产生一种妙不可言的味道。

清蒸胭脂鱼

1. 材料

主料：胭脂鱼 1 条。

辅料：洋葱、生姜、蒜苗、青椒、红椒。

调料：盐、料酒、生抽、芝麻油、蒸鱼豉油。

2. 做法步骤

①将胭脂鱼宰杀后，去除鳞片、鱼鳃、内脏，清洗干净，在鱼身两侧的鱼肉上用刀轻轻斜剖几刀。

②胭脂鱼放入盘中，加入盐、料酒、生抽适量，将胭脂鱼内外抹匀，腌渍 10 分钟。

③洋葱、生姜、蒜苗、青椒、红椒切细丝备用。

④洋葱丝、姜丝、蒜苗丝放入鱼肚内，洋葱丝、姜丝、青椒丝、红椒丝放在鱼身上。

⑤胭脂鱼放入锅中，隔水蒸 15 分钟，蒸好的胭脂鱼淋上蒸鱼豉油及芝麻油即可食用。

3. 菜肴特点

鱼肉鲜嫩味美，营养丰富。

● 清蒸胭脂鱼

豆瓣胭脂鱼

1. 材料

主料：胭脂鱼 1 条。

辅料：肥瘦肉丁、熟青豆、酱花生仁、郫县豆瓣酱、姜末、蒜末、红辣椒末、葱花、花椒。

调料：油、盐、味精、白糖、料酒、老抽、淀粉。

2. 做法步骤

①将胭脂鱼宰杀后，去除鳞片、鱼鳃、内脏，清洗干净，在鱼身两面均剞一字花刀。

②处理好的胭脂鱼入沸水锅中焯出。

③锅里下油，烧热，放入肥瘦肉丁、熟青豆、酱花生仁煸炒，再依次放入葱花、姜末、蒜末、红辣椒末、郫县豆瓣酱、花椒、料酒、老抽、盐、味精、白糖及清水300克，煮沸。

④锅中下焯水后的胭脂鱼，改中小火煨烧。

⑤待汤汁烧至余1/3时，淀粉勾芡，撒葱花，淋明油，装盘即成。

3.菜肴特点

色泽枣红，鱼肉鲜嫩，味道醇厚香辣。鱼红亮，味浓鲜，色香味俱全，爽口下饭。

● 豆瓣胭脂鱼

● 煎烧胭脂鱼

煎烧胭脂鱼

1. 材料

主料：胭脂鱼 1 条。

辅料：葱、姜、蒜、红辣椒。

调料：油、盐、味精、生抽、料酒。

2. 做法步骤

①将胭脂鱼宰杀后，去除鳞片、鱼鳃、内脏，清洗干净，用刀在鱼身两侧开花刀。

②锅里下油，烧热，将宰杀好的胭脂鱼整条放入锅中煎烧，正反面都煎成金黄色。

③锅内加入清水炖，水量没过鱼身即可，水烧开后改小火炖，出锅前放入葱、姜、蒜、红辣椒及各种调料，炖8分钟左右即可出锅。

3. 菜肴特点

味道鲜美，色泽金黄，爽滑油润，肉质细腻。

豆花胭脂鱼

1. 材料

主料：胭脂鱼1条。

辅料：嫩豆腐、葱、姜、蒜、花椒、干红椒、郫县豆瓣酱。

调料：油、盐、味精、生抽、料酒、白胡椒粉、淀粉、辣椒粉、花椒粉。

2. 做法步骤

①将胭脂鱼宰杀后，去除鳞片、鱼鳃、内脏，清洗干净，把鱼肉切成片，用盐、白胡椒粉、料酒、淀粉抓匀，腌渍10分钟。

②锅内倒油，放入干红椒、花椒爆香。

③再放入葱、姜、蒜和一勺郫县豆瓣酱炒香后，倒入半碗清水，加盐、生抽、味精煮沸。

④把嫩豆腐用刀切成薄片或用勺舀入汤中。

⑤豆腐稍稍煮入味后，把腌好的鱼片下入汤中，用筷子稍微打散一下，防止鱼片粘在一起，煮到鱼片变色就可

● 豆花胭脂鱼

以盛入碗中。

⑥在面上放入葱段，撒上辣椒粉和花椒粉，烧两勺热油浇在上面。

3. 菜肴特点

麻辣鲜香，鱼嫩滑爽，豆花绵软，爽口下饭。

啤酒烧胭脂鱼块

1. 材料

主料：胭脂鱼 1 条。

辅料：葱段、姜丝、蒜片。

调料：啤酒、花生油、盐、味精、白胡椒粉、地瓜粉、白糖、生抽、老抽、陈醋、芝麻油。

2. 做法步骤

①将胭脂鱼宰杀后，去除鳞片、鱼鳃、内脏，切成 2~3 厘米厚的鱼块，清洗干净放入盘中备用。

②胭脂鱼块用少许的啤酒、盐、白胡椒粉抓匀，腌渍半个小时。

③腌渍好后沥干多余的水分，薄薄地裹上一层地瓜粉并且拍实。

④热锅热油，放入胭脂鱼块，转中小火煎至金黄再翻面煎（不要太早翻动鱼块，否则鱼肉容易碎，等煎定型再

● 啤酒烧胭脂鱼块

翻动，可以保持鱼块的完整），盛出待用。

⑤锅内少许花生油爆香葱段、姜丝、蒜片，加入啤酒 250 克及清水 250 克，再加入白糖、生抽、老抽、盐、味精，煮沸。

⑥接着放入煎好的鱼块，大火收汁，出锅前滴几滴陈醋和芝麻油。

3. 菜肴特点

没有鱼腥味，味道鲜美，爽滑油润，营养丰富。

珍稀鱼类保护记

命运一波三折

我们从出生的那一刻开始，便注定一生充满坎坷。现代科技的发展让长江变成了中国内陆的黄金水道，每年经此运输的货物就超过 20 亿吨，另外还有无数的客轮、渔船在这里穿梭往返。我们身为国家二级保护动物，虽然受到法律的保护，但在洄游的过程中仍然需要自行保证安全。过往船舶的螺旋桨是我们潜在的威胁，一旦躲避不及，轻者皮开肉绽，重者甚至一命呜呼。不过，由于船舶发动机的巨大轰鸣声会对我们产生惊扰。因此，洄游过程中丧命于螺旋桨的并不多见。我们一般很少游到长江的主航道里去，更多的则是从沿岸水流较缓的水域往上游而去。

然而，岸边潜藏的危险其实远比水流湍急的江心要大得多。过去，长江沿岸的渔民虎视眈眈地张网以待。我们需躲避各种滚钩、旋网、草把子等传统捕鱼工具，还有越来越多、越来越先进的电子捕鱼器具的非法使用。不论是定居还是过路的，不管是普通的还是受到保护的"鱼友"，几乎都被一网打尽。

在躲过了船舶的螺旋桨和不法者的电网之后，我们中为数不多的"幸运儿"来到长江宜昌段。然而，高耸入云的葛洲坝成为了不可逾越的"天堑"，我们穿激流、过险滩、破网罾、躲滚钩，历经千难万险来到这里，却发现宜昌处关上了最后一扇希望之门。从1981年葛洲坝水利工程合拢之后，事实上已经将洄游鱼类的通道彻底阻断。不过，我们并没有向"命运"低头，在长江上游的川江水域已经形成了新的繁殖种群。并且在适应环境的过程中，也在川江流域的湖泊、水库、湿地等处找到了合适的生长水域。

科技助推繁衍

尽管保护力度不断加大，但目前长江珍稀鱼类现存种群数量仍然有限，部分鱼类仅靠自然繁衍很难实现种群延续和扩大。对此，沿江政府部门联合高校院所、龙头企业等开展珍稀鱼类人工繁殖，同时持续加大珍稀鱼类增殖放流力度，助力它们实现新生。

为不断提升胭脂鱼等长江珍稀鱼类繁育技术水平，近年来，江苏省淡水水产研究所充分借助、运用各类新技术、新手段，对繁育的珍稀鱼类实行智能化管理。比如，使用金属线码标记和微卫星分子标记对胭脂鱼进行身份识别，胭脂鱼也有了"身份证"。构建了胭脂鱼繁殖亲鱼群体的

● 科技助推繁衍

物理标记和遗传信息一一对应数据库。

　　每年繁殖季节，用专用的仪器在我们身上轻轻一扫，就可以读取我们的身份信息，获取我们的生物学性状，如性别、年龄、繁殖情况等，实现了精细化培育与智能化管理，繁育出最优质的子孙后代。

　　经过多年的实践，江苏省淡水水产研究所科研人员通过提高鱼苗繁育成活率，一方面，让珍稀"鱼宝宝"重回母亲河怀抱，在长江中繁衍壮大，重现往日"倩影"，恢复生物多样性；另一方面，为养殖户提供更多的鱼苗，原本稀少的珍稀鱼类能"游上"更多食客的餐桌。

增殖放流护生态

　　在长江珍稀鱼类从繁盛走向濒危的过程中，人类负有不可推卸的责任——或水利开发导致栖息地破坏，或过度捕捞导致种群数量急剧减少。在长江经济发展与珍稀水生生物保护的博弈中，珍稀物种的命运岌岌可危。我们急切地呼唤，呼唤着人类倾听我们的心声，呼唤着人类保护珍稀物种，保护母亲河长江。

　　胭脂鱼的分布曾遍及长江和闽江流域，以前是长江上游的主要经济鱼类之一。20世纪60年代以来，随着长江两岸的工业发展和人类活动影响加剧，水体污染日益严重，给我们的生境带来了重创。由于人为捕捞、环境污染、栖息地被破坏等因素，野生胭脂鱼数量急剧减少。闽江中已经难见我们的踪影，长江中也早已濒危。野生数量下降的趋势一直难以得到有效遏制，在1988年，我们被列入《国家重点保护野生动物名录》。幸运的是，科学家们突破胭脂鱼人工繁育技术已有较长时间，如今已十分成熟。自1978年重庆市万州区水产研究所首次获得胭脂鱼池塘养殖成功后，长江沿岸各地每年开展了大量的胭脂鱼增殖放流活动。

　　长江是世界上水生生物多样性最为丰富的河流之一，在过去几十年快速、粗放的经济发展模式下，长江付出了沉重的环境代价。随着生态环境的恶化，人们逐渐认识到保护生态环境的重要性，生态文明建设理念逐渐深入人心。

● 胭脂鱼增殖放流

为了保护长江里的生灵，2020年1月，国家发布关于长江流域重点水域禁捕范围和时间的通告，宣布从2020年1月1日0时起开始实施长江十年禁渔计划，并大力开展人工繁殖、增殖放流等保护工作，我们的种群数量实现稳定回升。考虑到胭脂鱼放流成本及成效，每年10月下旬为适宜放流时间。此时，气温适宜且当年繁育的胭脂鱼已长到8~10厘米，鱼宝跃入江河湖泊后存活率大大提高，开启回家之旅。

鱼类资源是自然生态系统的组成部分，不仅具有极高的经济价值、科学价值、文学价值和美学价值，更是大自然赐予人类最为宝贵的财富之一。近年来，随着我国生态环境保护力度不断加大，江河湖泊面貌实现根本性改善。相信过不了几年，各大水域中的珍稀鱼类数量会逐渐增加，往一个好的方向发展。

我们是长江中的"一帆风顺"，也希望我们的"鱼"生、我们的种群能一直一帆风顺，"亚洲美人鱼"需要人类共同守护！